Guillaume Guestin

Le Lynx :
un prédateur si discret

Edilivre

Préface

Animal si fascinant que discret, le lynx passionne autant les naturalistes qu'il hérisse les chasseurs.

Car en effet, on ne le croise (presque) jamais dans les vastes étendues de forêts du Jura dans lesquelles il tente difficilement de revenir.

Dans ce nouvel ouvrage, je m'efforcerais de le présenter sous son meilleur jour, malgré les nombreuses polémiques entre les naturalistes, l'Etat et les chasseurs qu'il engendre sous son apparence de magnifique félin.

1

Le lynx boréal est si discret qu'il se fait oublier. Il faut un accident de la route ou une affaire de braconnage pour se souvenir de son existence.

Invisible mais si proche de nous.

Rien ne paraît le troubler, ni le pousser à accélérer le pas. Il est là, en grand seigneur, tournant le dos avec superbe notre civilisation.

Réintroduit dans les années 1970 chez nos voisins Suisses, il a su s'accommoder du développement de l'urbanisation et se fondre dans le paysage pour éviter de croiser les humains sur son chemin.

En France aussi, les lynx sont parmi nous, après un Siècle d'absence.

Il faudra attendre 1979 pour que le projet de les réintroduire prenne forme.

Mais où ? Plusieurs massifs sont envisagés.

Les Vosges sont retenues pour la densité des forêts, peuplées de nombreux Cerfs, Chevreuils et Chamois.

De plus, le lynx pourrait librement circuler entre la France et le Palatinat allemand.

Le lynx était présent partout en Europe, sauf en Grande-Bretagne1. La chasse du lynx commence au XVIe siècle en Europe et s'intensifie au XVIIIe. L'intensification de la chasse fut menée par la démocratisation des armes à feu, l'accroissement des populations réduisant l'espace disponible pour le lynx, et la favorisation de la chasse par l'obtention de primes de l'État pour supprimer la vermine1.

En France, il disparaît des Vosges vers 1830, du Massif central vers 1875, du Jura vers 1885 et des Alpes vers 1940. Sa présence passée et actuelle dans les Pyrénées, seul ou en compagnie du lynx d'Espagne, est discutée dans la mesure où on ne dispose guère que de témoignages, nombreux mais fragiles.

Le Lynx commun a été totalement éradiqué de France au XIXe siècle. Le lynx a disparu de l'ouest de l'Europe et des Alpes avant l'ours et le loup, bien qu'il ait été chassé moins intensivement. L'explication réside dans une plus grande sensibilité du lynx face à la destruction de son habitat et à la diminution des effectifs de ses proies naturelles.

En France, il est réintroduit dans les Vosges et le Jura. Mais nombre d'entre eux proviennent sans doute d'Allemagne et de Suisse. Il y aurait environ une centaine d'animaux dans ces régions.

Il réapparaît aussi dans les Alpes de manière passive (arrivée d'individus de Suisse) et dans les Ardennes. Le lynx doit faire face à l'hostilité des chasseurs, qui peuvent le voir comme un concurrent, certains chasseurs n'hésitent d'ailleurs pas à tirer des lynx ou encore à les empoisonner. En 2006, il y aurait moins de deux cents animaux sur les trois massifs.

Son aire vitale est étendue et souvent de plus en plus fragmentée par des routes (60 % environ des causes de mortalités connue de cet animal dans les Vosges et le Jura sont dues au collisions avec des véhicules.

Le Lynx boréal est revenu naturellement dans les Alpes (pour l'instant surtout le Nord des Alpes françaises) et le Jura (à la suite d'opérations de réintroduction effectuées en Suisse) et a été réintroduit dans les Vosges.

À la fin de 2004, la population française était estimée entre 135 et 180 animaux, la tendance étant à l'augmentation à la fois numérique et pour ce qui est des territoires occupés.

- Le Jura représente le noyau principal de population avec 85 à 100 individus. Le dernier décompte de population publié par l'ONCFS pour les années 2002-2004 montre que celle-ci croît plus doucement que sur les périodes 1996-1998 et 1999-2001. La colonisation de nouveaux territoires se produit essentiellement sur la partie Nord de l'aire de répartition, probablement parce que la partie Sud est déjà occupée.
- Dans les Vosges, 30 à 40 animaux ont été décomptés entre 2002 et 2004. Constitué à partir d'un faible nombre de fondateurs, la population se répand vers le nord et l'ouest au même rythme que pour la période 1996-1998. Quelques indices de présence semblent montrer un début de jonction démographique entre les populations vosgiennes et jurassiennes.

- Dans les Alpes, 20 à 40 animaux représentent la colonisation la plus récente. Des contacts avec la population jurassienne sont notés ; la colonisation est active, bien qu'encore incertaine quant à la superficie dans le sud de l'aire de répartition.

Dans le Jura, le lynx a reconstitué un noyau de population qui semble pérenne, et il est devenu avec le grand Tétras un des indicateurs de qualité des forêts et parfois le symbole d'une volonté de réparer les dégâts environnementaux.

Dans les Vosges, les derniers lynx auraient été tués au début du XVIIe siècle, ou ont été victimes de la déforestation, de la raréfaction de leur nourriture (les grands mammifères ont fortement régressé après la Révolution française) pour ne retrouver des populations importantes qu'à la fin du XXe siècle. Le projet vosgien de réintroduction a été initié en 1983, avec la création d'un noyau de population complémentaire de celle qui s'était déjà reconstituée dans le proche Jura. De 1983 à 1993 ce sont 12 mâles et 9 femelles qui ont été relâchés. En 2006, on estime qu'il y aurait 30 à 40 individus dans la région, sur environ 2 000 km2 (densité : 1,5 à 2 lynx/100 km2). La population vosgienne se reconstitue très lentement. Elle semble plus fragile et vulnérable que la population jurassienne, notamment en raison d'un braconnage persistant, des risques liés à la chasse ou à la circulation automobile.

En Moselle, des scientifiques et des naturalistes ont confirmé en 2000 les descriptions faites par des promeneurs depuis les années 1980, établissant la présence de lynx dans l'ouest et le nord-ouest de l'agglomération messine. La réappropriation de ce vaste territoire propice à leur développement (forêts broussailleuses, terrains militaires interdits à la chasse et vallées étroites) riche en gibier (daims et chevreuils) peut être la conséquence directe de la réintroduction menée dans les Vosges en 1983, l'action individuelle d'un naturaliste connaisseur étant aussi tout à fait plausible. D'après les observations, ces félidés, estimés à une cinquantaine d'individus, seraient dans une phase de migration vers l'ouest.

Dans le Beaujolais, une observation visuelle sérieuse d'un lynx était enregistrée le 1er mars 2011 sur la commune de Vaux-en-Beaujolais. Après plusieurs jours d'investigations, en liaison avec un éleveur dont un agneau a été tué et un chasseur, la présence du lynx a été confirmée dans le département du Rhône par la prise de photographies.

2

Comme tous les félins, les lynx sont territoriaux. Le territoire du mâle recouvre celui d'une ou plusieurs femelles. Les territoires, tous sexes confondus, comportent cependant des « zones neutres » où il est possible de circuler sans qu'il y ait affrontement : les limites du territoire sont fréquemment des zones neutres chez les lynx. La taille du territoire dépend de la densité de proies et de l'espèce de Lynx considérée.

Le territoire du mâle peut atteindre 300 km2 en Amérique du Nord. Le lynx mâle est intolérant envers les autres mâles traversant son territoire, même si ce sont les femelles qui restent les plus vindicatives entre elles.

Les marquages olfactifs, qui permettent de signaler sa présence sur le territoire, sont le plus souvent effectués sur un support facilement repérable. Il s'agit le plus souvent de jets d'urine et de marques de griffures. Les marquages sont plus fréquents au centre du territoire que sur sa périphérie.

Les lynx sont généralement solitaires, excepté pour les femelles avec leurs petits. Les seules rencontres entre mâle et femelle se déroulent durant la période de reproduction, pendant laquelle le mâle suit la femelle dans tous ses déplacements.

Extrêmement discrets, les lynx sont rarement aperçus. Dans le parc national de Bavière, où le Lynx boréal a été réintroduit, 10 000 promeneurs annuels empruntent un sentier à 300 mètres du lieu de reproduction du lynx ; l'ensemble du parc de 13 000 hectares, contenant six lynx résidant, était visité par 1,3 million de visiteurs en 1976. Pourtant, seules six à huit observations annuelles ont été rapportées.

Les lynx vivent préférentiellement dans les forêts boréales et mixtes à feuillage caduc ; le Lynx roux accepte un plus large panel d'habitats qui vont des aires semi-désertiques aux marécages humides de Floride bien qu'il préfère les forêts, mais contrairement aux autres espèces de lynx, il n'en dépend pas exclusivement.

Le Lynx pardelle préfère les forêts de pins et la garrigue.

3

La population française de lynx est constituée de 3 noyaux.

Le noyau vosgien est principalement centré sur le versant alsacien des Vosges moyennes et du Sud. Depuis quelques années, on constate une progression de l'espèce sur le versant lorrain des Vosges moyennes et du Sud. Au nord, la présence du lynx dans le vaste ensemble forestier « Vosges du Nord – Palatinat allemand » est encore sporadique et semble déconnectée du noyau du sud du massif. Une étude de l'Office National de la Chasse et de la Faune Sauvage (ONCFS), réalisée en 2003, a permis d'estimer la population vosgienne à 30-40 individus.

La population la plus importante et la plus active sur le plan démographique se trouve dans le Jura. Elle compterait actuellement une centaine d'individus (ONCFS, 2003). Dans le sud du massif, tous les habitats forestiers favorables sont occupés par le lynx, de la haute chaîne frontalière (à l'est) jusqu'à la plaine de la Bresse (à l'ouest) et au Rhône (au sud). Plus au nord, le lynx continue de coloniser de nouveaux territoires, essentiellement dans le département du Doubs. Des signes récents semblent indiquer une présence désormais continue de l'espèce sur toute la façade frontalière de ce département. Enfin, des données récentes collectées entre les noyaux vosgien et jurassien (sud de la Haute-Saône et nord du Doubs) laissent espérer une jonction.

On ne peut pas vraiment parler de noyau en ce qui concerne la présence du lynx dans les Alpes. Aucune aire de présence vaste et continue n'est occupée, mais plusieurs « îlots » répartis sur l'ensemble du massif et centrés sur les principaux massifs montagneux et forestiers. Depuis quelques années maintenant, un noyau de population démographiquement actif semble se former dans les grands massifs forestiers des Préalpes du Nord (Chartreuse, Bauges, Bornes), en connexion avec la population du Jura. Bien que l'aire de présence soit encore discontinue dans le reste des Alpes, l'espèce est contactée dans les principaux massifs et continue son expansion vers le sud, puisque des indices de présence sont relevés jusqu'au nord du département du Var et l'ouest des Alpes-Maritimes. L'effectif, très difficile à estimer, serait de l'ordre de 30-40 individus.

Le lynx boréal est bien implanté sur toute la façade Est de la France. Mais à l'échelle européenne, les populations de lynx sont très fragmentées et donc très vulnérables. Il est nécessaire de favoriser des échanges d'individus entre chacun de ces noyaux (Vosges/Palatinat, Jura, Alpes occidentales, Alpes orientales, Balkans…) afin d'optimiser la variabilité génétique de la population et sa survie à long terme.

4

Malgré de fortes oppositions chez les chasseurs et certains élus, les premiers lâchers sont effectués en 1983.

Quatorze projets de réintroduction du lynx ont été mis en œuvre en Europe de 1970 à 2006, qui ont donné les meilleurs résultats en Slovénie, dans les Alpes suisses et dans le Jura. Le Lynx boréal a été réintroduit en Slovénie, en Croatie, dans le parc national de Bavière en Allemagne, en Suisse dans le Jura, le canton de Vaud (Alpes et Jura), le canton d'Obwald et le parc national des Grisons et le parc national du Grand-Paradis en Italie. Des tentatives de réintroduction du Lynx du Canada ont été menées dans l'État de New York et dans le Colorado ; pour ce dernier la réintroduction semble être un succès.

Le Lynx roux a été réintroduit sur l'île de Cumberland et dans le New Jersey.

Pour capturer des lynx à des fins de réintroduction, les scientifiques utilisent la tendance des félins à emprunter toujours les mêmes passages. Une cage à deux portes coulissantes est placée de telle manière que le félin puisse voir sa piste au-delà du piège, sur un chemin fréquemment utilisé. Le lynx est souvent capturé au début ou à la fin de l'hiver, il subit ensuite une période de quarantaine avant d'être relâché, de préférence en couple, à la belle saison. Les individus capturés sont souvent des jeunes, généralement des mâles.

5

Le Lynx boréal est un prédateur solitaire, actif du crépuscule au lever du soleil. Le territoire du mâle recouvre celui d'une ou plusieurs femelles. Le lynx mâle est intolérant envers les autres mâles traversant son territoire, mais ce sont les femelles qui restent les plus vindicatives entre elles. Les territoires comportent cependant des « zones neutres » où il est possible de circuler sans qu'il y ait affrontement : il s'agit fréquemment des limites du territoire.

Chaque adulte a un territoire de 11 à km 2, selon l'abondance des proies. Lorsqu'elles sont rares, le Lynx boréal patrouille des zones plus vastes pour se trouver à manger. Ainsi, « dans les Carpathes occidentales, le territoire d'un lynx comporte 27 km2, alors que dans le nord de l'Europe et en Asie son territoire atteint 50 à 60 km2. Les vieux mâles occupent un territoire plus vaste encore. Il faut bien attendre dix jours avant qu'un lynx ne repasse dans une portion donnée de son domaine de chasse, ou retrouve sa piste à laquelle il demeure souvent fidèle. »

Une formule permettant de calculer la densité de Lynx boréal pour 100 km2 en fonction de la biomasse d'ongulés a été proposée à partir de l'analyse de territoires de lynx de différents pays occupés, mais elle reste incertaine étant donné la variété des méthodes de comptage.

6

Le lynx est un animal protégé depuis le 19 septembre 1979, date de son inscription à l'annexe II de la Convention de Berne (protection de la vie sauvage). Le Lynx boréal est classé en Annexe II de la CITES (Convention sur le commerce international des espèces de faune et de flore sauvages menacées d'extinction) depuis 1977.

La chasse au Lynx boréal est réglementée (quotas), en Estonie, en Lettonie, en Norvège, en Roumanie, en Russie, en Suède, en Turquie.

Le Lynx boréal est intégralement protégé en Albanie, en Allemagne, en Autriche, Belgique, en Biélorussie, en Bulgarie, en Croatie, en Finlande, en France, en Grèce, en Hongrie, en Italie, au Liechtenstein, en Lituanie, en Macédoine, en Pologne, en République tchèque, en Serbie, en Slovaquie, en Slovénie, en Suisse, en Ukraine43.

En France et en Suisse, les lynx à problème sont déplacés.

L'Union internationale pour la conservation de la nature (UICN) le classe en « préoccupation mineure »

(LC) en raison de sa large distribution et de ses effectifs stables. Il est cependant classé en catégorie EN (En danger) sur la liste rouge des espèces menacées en France.

Son aire vitale est étendue, elle est de plus en plus morcelé par la fragmentation forestière et plus généralement par le réseau routier (60 % environ des causes de mortalités connue de cet animal dans les Vosges et le Jura sont dues au collisions avec des véhicules.

Au 19ème siècle, après des années de chasse intensive, de déforestation, de diminution de ses proies, le lynx boréal avait totalement disparu des forêts françaises. Réapparu dans les Alpes et réintroduit dans les Vosges et le Jura dans les années 70-80, sa population reste fragile avec environ 200 animaux répartis sur tout le territoire. Pourtant, le lynx fait régulièrement l'objet d'une « chasse aux sorcières » de la part des éleveurs et des chasseurs qui profite de chaque occasion pour obtenir l'autorisation d'abattre les félidés.

Tout récemment encore, dans le Jura, un éleveur, soutenu par les chasseurs du coin, a désigné les lynx comme responsables d'attaques répétées sur un troupeau d'ovins évoluant sur une parcelle non protégée. Et ce, alors même que l'éleveur n'avait pas suivi les consignes élémentaires de protection d'un troupeau malgré les subventions reçues pour sécuriser sa parcelle située dans une enclave forestière. Si la Commission Nationale de Protection de la Nature n'avait pas rendu un avis négatif, plusieurs lynx auraient été abattus.

Grand prédateur, le lynx est un maillon essentiel de la chaîne alimentaire. Avec sa disparition, c'est tout un équilibre qui est mis en danger. Sa forte sensibilité au cadre de vie dans lequel il évolue fait de sa présence un bon indicateur de la qualité environnementale de nos forêts. Le lynx est d'ailleurs considéré comme « espèce déterminante » dans l'élaboration des corridors biologiques.

Depuis 2009, le félin est placé en « espèce en danger » par l'UICN. Et en France, le lynx bénéficie d'une « protection totale » depuis un arrêté ministériel d'avril 1981. Malgré cela, le lynx de nos forêts vit sous la menace du braconnage, des risques inhérents à la chasse, de la circulation automobile… et des accusations en tout genre. Seul un « plan de conservation du lynx boréal » serait à même, en plus des protections énoncées ci-dessus, de pérenniser sa présence dans nos massifs et forêts et de réduire les menaces. En France, il est le seul grand prédateur à ne pas en bénéficier.

Cet ouvrage a été composé par Edilivre

175, boulevard Anatole France – 93200 Saint-Denis
Tél. : 01 41 62 14 40 – Fax : 01 41 62 14 50
Mail : client@edilivre.com

www.edilivre.com

Tous nos livres sont imprimés
dans les règles environnementales les plus strictes

ISBN papier : 978-2-334-05538-3
ISBN pdf : 978-2-334-05539-0
ISBN epub : 978-2-334-05537-6
Dépôt légal : février 2016

Imprimé en France, 2016

www.ingramcontent.com/pod-product-compliance
Lightning Source LLC
LaVergne TN
LVHW100201061126
851857LV00010B/361